英国数学真简单团队/编著　华云鹏 杨雪静/译

DK儿童数学分级阅读 第三辑

进阶挑战

数学真简单！

电子工业出版社·

Publishing House of Electronics Industry

北京·BEIJING

Original Title: Maths—No Problem! Extra Challenges, Ages 7–8 (Key Stage 2)
Copyright © Maths—No Problem!, 2022
A Penguin Random House Company

本书中文简体版专有出版权由Dorling Kindersley Limited授予电子工业出版社，未经许可，不得以任何方式复制或抄袭本书的任何部分。

版权贸易合同登记号　图字：01-2024-1629

图书在版编目（CIP）数据

DK儿童数学分级阅读. 第三辑. 进阶挑战 / 英国数学真简单团队编著；华云鹏，杨雪静译. --北京：电子工业出版社，2024.5
ISBN 978-7-121-47726-3

Ⅰ. ①D…　Ⅱ. ①英…　②华…　③杨…　Ⅲ. ①数学—儿童读物　Ⅳ. ①O1-49

中国国家版本馆CIP数据核字（2024）第079052号

出版社感谢以下作者和顾问：Andy Psarianos, Judy Hornigold, Adam Gifford和Anne Hermanson博士。
已获Colophon Foundry的许可使用Castledown字体。

责任编辑：张莉莉
印　　刷：鸿博昊天科技有限公司
装　　订：鸿博昊天科技有限公司
出版发行：电子工业出版社
　　　　　北京市海淀区万寿路173信箱　　邮编：100036
开　　本：889×1194　1/16　印张：18　　字数：303千字
版　　次：2024年5月第1版
印　　次：2024年11月第2次印刷
定　　价：128.00元（全6册）

凡所购买电子工业出版社图书有缺损问题，请向购买书店调换。若书店售缺，请与本社发行部联系，联系及邮购电话：（010）88254888，88258888。
质量投诉请发邮件至zlts@phei.com.cn，盗版侵权举报请发邮件至dbqq@phei.com.cn。
本书咨询联系方式：（010）88254161转1835，zhanglili@phei.com.cn。

www.dk.com

目 录

鲁比   艾略特   阿米拉   查尔斯   露露   萨姆   奥克   霍莉   拉维   艾玛   雅各布   汉娜

组数字 比大小

准 备

霍莉用下列数字组成三位数。

| 3 | 6 | 8 |

她能组成的最大三位偶数是多少？

她能组成的最大三位奇数是多少？

她能组成的最大数是多少？

举 例

霍莉组成了这些三位偶数。
368, 386, 638, 836

836的百位数字比其他几个大。
霍莉能组成的最大三位偶数是836。

霍莉组成了这些三位奇数。

863的百位数字比683大。
863是霍莉能组成的最大三位奇数。

836和863比大小。

836和863的百位数字相等。
863的十位数字更大。
863是霍莉能组成的最大数。

先看百位数字。

两个数的百位数字都是8，我们再看十位数字。

1 ⌜3⌝ ⌜7⌝ ⌜4⌝ ⌜8⌝ ⌜1⌝

用以上数字组成：

(1) 最大的三位偶数

(2) 最小的三位偶数

(3) 最大的三位奇数

(4) 最小的三位奇数

2 将你组成的数字按从小到大的顺序排列。

☐ , ☐ , ☐ , ☐

3 (1) 用下列数字组成所有可能的三位数。

⌜9⌝ ⌜6⌝ ⌜3⌝

(2) 将你组成的数字按从大到小的顺序排列。

数的规律

准 备

萨姆可以怎样排列这些数？

438   738   538

238   638   338

举 例

萨姆这样排序：

238, 338, 438, 538, 638, 738

我们依次加100。

每个数都比前一个大100。

拉维要排列这些数。

749   699   709

719   729   739

拉维这样排序：

749, 739, 729, 719, 709, 699

每个数都比前一个小10。

我排列的数依次减小。

6

1 按顺序在方框内填上合适的数。

(1) 487, 497, [　　], [　　], [　　], 537

(2) 45, [　　], [　　], 345, [　　], 545

(3) 909, [　　], 709, [　　], 509, [　　]

2 给数字排序。

(1) 每个数都比前一个大10。

318, [　　], [　　], [　　], [　　], [　　]

(2) 每个数都比前一个小10。

761, [　　], [　　], [　　], [　　], [　　]

(3) 每个数都比前一个小100。

506, [　　], [　　], [　　], [　　], [　　]

3 按顺序写出一排数，并描述它的规律。

[　　], [　　], [　　], [　　], [　　], [　　]

每个数都比前一个 [　　] [　　]。

进位加法（一）

准 备

露露正在玩电子游戏。

她得到了543分的额外奖励分。

加上额外奖励分之后她的得分是多少？

543 额外奖励分

得分：398

举 例

将398与543相加。

第一步　　将个位数字相加

百	十	个
3	9	8
+ 5	4₁	3
		1

11个一 ＝1个十 + 1个一

8个一 + 3个一 = 11个一

第二步　　将十位数字相加

百	十	个
3	9	8
+ 5₁	4₁	3
	4	1

14个十 ＝1个百 + 4个十

1个十 + 9个十 + 4个十
= 14个十

第三步　　将百位数字相加

百	十	个
3	9	8

$+\ 5_1\ 4_1\ 3$

9	4	1

1个百 + 3个百 + 5个百 = 9个百

露露的得分是941。

练习

 做加法。

(1) 656 + 37 = ☐

(2) 319 + 88 = ☐

(3) 486 + 75 = ☐

(4) 524 + 96 = ☐

2 做加法。

(1) 132 + 389 = ☐

(2) 465 + 456 = ☐

(3) 725 + 188 = ☐

(4) 333 + 599 = ☐

进位加法（二）

准 备

鲁比先从家走到商店。

然后她从商店走到艾玛家。

鲁比家

459米 →

商店

364米 →

艾玛家

鲁比一共走了多少米？

举 例

将459与364相加。

第一步　　向十位进1。

13个一 = 1个十 + 3个一

```
    百   十   个
    4   5   9
+   3   6₁  4
_____
            3
```

9个一 + 4个一 = 13个一

第二步　　向百位进1。

12个十 = 1个百 + 2个十

百	十	个
4	5	9
+ 3₁	6₁	4
	2	3

1个十 + 5个十 + 6个十 = 12个十

第三步　　将百位数字相加。

百	十	个
4	5	9
+ 3₁	6₁	4
8	2	3

1个百 + 4个百 + 3个百 = 8个百

459 + 364 = 823

鲁比一共步行了823米。

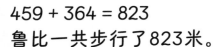

练习

1 停车场的第一层可以停238辆车。
第二层可以停257辆车。
这个停车场一共可以停多少辆车？

停车场一共可以停 ☐ 辆车。

2 萨姆在电子游戏中取得了348分。
查尔斯在同一个游戏中取得了293分。
萨姆和查尔斯一共取得了多少分？

萨姆和查尔斯一共取得了 ☐ 分。

退位减法（一）

准备

年初，3班有300根蜡笔。到了年末，3班只剩61根蜡笔。3班使用了多少根蜡笔？

举例

用300减去61。

```
  百   十   个
  ²3̷  ¹⁰0̷   0
-      6    1
 ────────────
```

 个位与十位都不够减。

 向百位借1，看作10个十。

```
  百    十    个
  ²3̷  ⁹¹⁰0̷  ¹⁰0̷
-        6    1
 ─────────────
  2     3    9
```

 向十位借1，看作10个一。

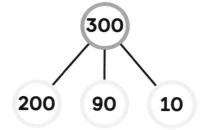

300 − 61 = 239
3班使用了239支蜡笔。

1 园丁要种400株郁金香。她一个小时内种了127株。她还剩多少株没有种？

园丁还剩 [ ] 株没有种。

2 有一天，375位顾客想去餐厅吃午餐或晚餐。
有286位顾客想去餐厅吃午餐。
有多少位顾客想去餐厅吃晚餐？

有 [ ] 位顾客想去餐厅吃晚餐。

3 校运动会上，410个小朋友参加了田径比赛。
比赛后，173个小朋友从田径场回到了教室。
其他的小朋友还留在田径场。
有多少个小朋友留在了田径场？

有 [ ] 个小朋友留在了田径场。

退位减法（二）

准 备

萨姆做了一个蛋糕和一些圆面包。

他做蛋糕用了615克面粉。

他做蛋糕用的面粉比做圆面包用的面粉多148克。

他做圆面包用了多少克面粉？

举 例

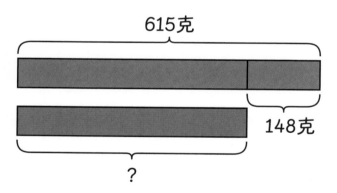

615克

148克

?

用615减去148。

```
  百   十   个
  ⁵6̷ ¹⁰0̷¹ ¹⁵5̷
-  1   4   8
───────────────
   4   6   7
```

我们用加法还是减法呢？

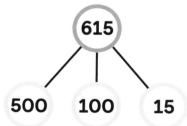

615

500 100 15

615 − 148 = 467

萨姆做圆面包用了467克面粉。

1 拉维家与鲁比家相距563米。
鲁比家与萨姆家相距478米。
两段距离相差多少米？

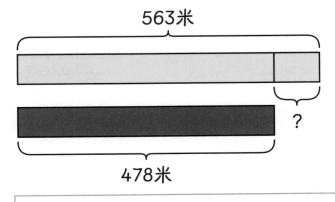

563米

478米

	–		=	

两段距离相差 _____ 米。

2 一只长颈鹿的质量是801千克，水牛的质量比长颈鹿少78千克。
水牛的质量是多少？

	–		=	

水牛的质量是 _____ 。

进位乘法

准 备

艾略特最喜欢的节目每集时长为36分钟。艾略特在一个月内看了7集。他一个月内总共看了多少分钟的节目？

举 例

方法1

百	十	个
	3	6
×		7
	4	2
2	1	0
2	5	2

先乘个位，再乘十位。

方法2

百	十	个
	3	6
×		7
	4	
2	5	2

42个一 ＝ 4个十 ＋ 2个一

36 × 7 = 252

艾略特一个月内总共看了252分钟的节目。

16

1 一所学校共有7间教室。每间教室有1盒尺子，每盒里装有42根尺子。
7间教室总共有多少根尺子？

$\boxed{}$ × $\boxed{}$ = $\boxed{}$

7间教室总共有 $\boxed{}$ 根尺子。

2 艾玛、拉维和鲁比都买了贴纸。
每盒贴纸里有24张。
艾玛买了两盒，拉维买的盒数是艾玛的两倍。
鲁比比拉维少买1盒。
他们三个一共买了多少张贴纸？

$\boxed{}$ × $\boxed{}$ = $\boxed{}$

他们三个一共买了 $\boxed{}$ 张贴纸。

拆分除法

准 备

78名同学参加校运会，每6人组成一个小组。

他们可以分成几个6人组？

举 例

用78除以6。

78 = 60 + 18

1个十 + 8个一 = 18

```
        1   3
6 )     7   8
          1
```

我们可以把60分成10个6，还剩1个十和8个一。

78 ÷ 6 = 13

用18除以6。
我们可以得到3个6。
他们可以分成13个6人组。

练 习

1 老师将一袋网球平均分给5名同学。袋子里装有70个网球。每名同学分到多少个网球？

☐ ÷ ☐ = ☐

每名同学分到 ☐ 个网球。

查尔斯和萨姆向学校图书馆捐赠了52本书。
他们把所有的书分开，每4本放在一叠。
他们可以把书分成几叠？

$$\boxed{} \div \boxed{} = \boxed{}$$

他们可以把书分成 $\boxed{}$ 叠。

 拉维、艾玛和霍莉每人有28颗花卉种子。
他们把种子种在花园里，每排种6颗。
他们一共种了几排种子？

$3 × 28 = \boxed{}$

$$\boxed{} \div \boxed{} = \boxed{}$$

他们一共种了 $\boxed{}$ 排种子。

乘法和除法

准 备

查尔斯、艾略特和汉娜一共有95根蜡笔。查尔斯的蜡笔数量是艾略特的2倍。汉娜的蜡笔比艾略特少5根。

他们分别有多少根蜡笔？

举 例

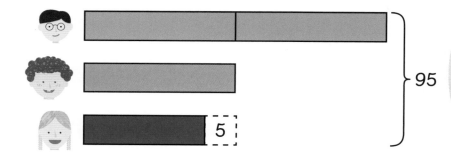

95

如果我的蜡笔再多5根，就和艾略特的一样多了。

$100 \div 4 = 25$

查尔斯有50根蜡笔，艾略特有25根，汉娜有20根。

练 习

1 艾玛和露露共有48本书。
露露的书比艾玛多12本。
露露有多少本书？

露露有 ☐ 本书。

2 3辆公交车载100个孩子去电影院。
A车上的孩子数量是B车的3倍。
C车上的孩子数量比B车多10个。
每辆车分别载了多少个孩子？

A车载了

[ ] 个孩子。

B车载了

[ ] 个孩子。

C车载了

[ ] 个孩子。

3 托盘里的黄色蜡笔数量是棕色蜡笔的2倍。
黑色蜡笔的数量是棕色蜡笔的3倍。
黄色蜡笔有56根。
一共有多少根蜡笔？

一共有 [ ] 根蜡笔。

分数的加减法

准 备

饼干被平均分成6份。鲁比拿了2份，萨姆拿了3份。饼干还剩多少？

举 例

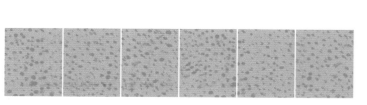

如果我把饼干切成6份，每份就是$\frac{1}{6}$。

我拿了饼干的$\frac{2}{6}$。

我拿了饼干的$\frac{3}{6}$。

六分之二加六分之三等于六分之五。

$$\frac{2}{6} + \frac{3}{6} = \frac{5}{6}$$

他们一共拿了饼干的$\frac{5}{6}$。

用$\frac{6}{6}$减去$\frac{5}{6}$。

饼干还剩$\frac{1}{6}$。

1 一根巧克力棒有7个大小相等的小块，霍莉拿了2块。
查尔斯拿了2块。巧克力棒还剩下多少？

巧克力棒还剩 ☐ 。

2 一张拼图包括9个相等的部分。鲁比和艾略特各拼成了2个部分。艾玛拼
成了1个部分。
这张拼图还剩多少没有拼完？

这张拼图还剩 ☐ 没有拼完。

3 一张彩纸被剪成大小相同的10小张。
7个孩子每人各分1小张。
彩纸还剩下多少？

彩纸还剩下 ☐ 。

等值分数

准 备

我拿了蛋糕的 $\frac{1}{4}$。

我拿了蛋糕的 $\frac{2}{8}$。

雅各布和阿米拉拿的蛋糕一样多吗？

举 例

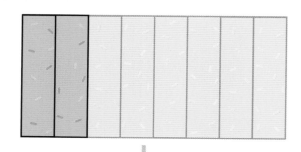

$\frac{2}{8}$ 等于 $\frac{1}{4}$。

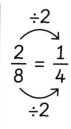

$$\frac{2}{8} = \frac{1}{4}$$
$\div 2$　　$\div 2$

每2小块合并为1块，8小块就变成了4块。

$\frac{2}{8}$ 和 $\frac{1}{4}$ 相等，它们是等值分数。

$\frac{1}{4}$ 是 $\frac{2}{8}$ 的最简形式。

雅各布和阿米拉拿的蛋糕一样多。

在方框内填入合适的数字，构成等值分数。

(1) $\dfrac{3}{9} = \dfrac{\boxed{}}{3}$ 　　　　 (2) $\dfrac{6}{10} = \dfrac{3}{\boxed{}}$ 　　　　 (3) $\dfrac{8}{12} = \dfrac{\boxed{}}{36}$

 用分数的最简形式作答。

(1) 艾略特和汉娜有一个西瓜。
　　艾略特吃了西瓜的 $\dfrac{1}{6}$，汉娜吃了西瓜的 $\dfrac{3}{6}$。
　　西瓜还剩下多少？

$$\boxed{} + \boxed{} = \boxed{}$$

$$\boxed{} - \boxed{} = \boxed{}$$

西瓜还剩下 $\boxed{}$。

(2) 鲁比买了一盒甜甜圈。她和朋友吃了甜甜圈的 $\dfrac{3}{4}$。
　　这盒甜甜圈还剩下多少？

这盒甜甜圈还剩下 $\boxed{}$。

比较分数的大小

准备

霍莉吃了比萨的 $\frac{2}{3}$，艾玛吃了比萨的 $\frac{3}{5}$。谁吃得更多？

举例

1

| 霍莉 | $\frac{1}{3}$ | $\frac{1}{3}$ | $\frac{1}{3}$ |

| 艾玛 | $\frac{1}{5}$ | $\frac{1}{5}$ | $\frac{1}{5}$ | $\frac{1}{5}$ | $\frac{1}{5}$ |

$\frac{2}{3}$ 比 $\frac{3}{5}$ 大。

$\frac{2}{3}$ 比 $\frac{3}{5}$ 多。

霍莉比艾玛吃得多。

1 比较 $\dfrac{3}{5}$ 和 $\dfrac{3}{4}$。

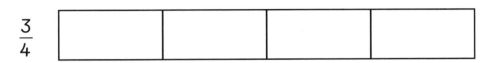

$\dfrac{3}{5}$

$\dfrac{3}{4}$

☐ 大于 ☐

2 比较 $\dfrac{4}{5}$ 和 $\dfrac{4}{7}$。

☐ 小于 ☐

3 拉维喝了 $\dfrac{1}{3}$ 升牛奶，查尔斯喝了 $\dfrac{2}{5}$ 升牛奶，汉娜喝了 $\dfrac{3}{8}$ 升牛奶。

(1) 谁喝的牛奶最多？ ☐

(2) 谁喝的牛奶最少？ ☐

大于1的平均分

准 备

4瓶1升装的橙汁平均分装到3个壶里。

每个壶装了多少橙汁？

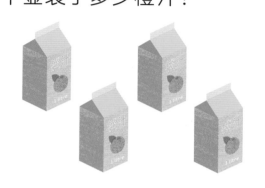 

举 例

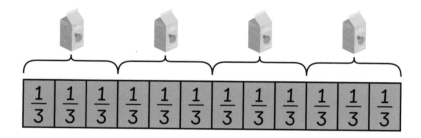

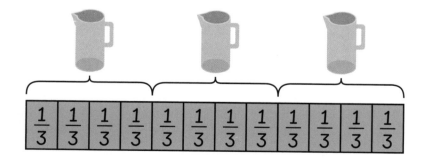

4个 $\frac{1}{3}$ 我们写作 $\frac{4}{3}$。

每个壶里装了 $\frac{4}{3}$ 升橙汁。

28

1 4个孩子平均分5个橙子。
每个孩子分到多少个橙子？

每个孩子分到 ☐ 个橙子。

2 5个孩子平均分4个馅饼。
每个孩子分到多少馅饼？

每个孩子分到 ☐ 个馅饼。

3 6个朋友平均分7根巧克力棒。
每个朋友分到多少巧克力棒？

每个朋友分到 ☐ 根巧克力棒。

时间的计算

准 备

拉维和妈妈上午10∶45搭上火车，上午11∶20下车。

他们乘坐火车花了多长时间？

举 例

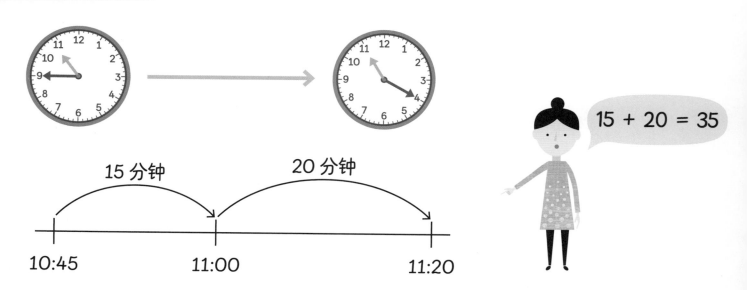

15 + 20 = 35

15 分钟

20 分钟

10:45　　　　　　　11:00　　　　　　　11:20

拉维和妈妈乘坐火车花了35分钟。

1 计算并填空。

学校的铃声上午10：55响起时，学生们开始早间休息。上午11：15铃声再次响起时，学生们早间休息结束。早间休息时间有多久？

```
        ┌──────────────┐        ┌──────────────────────┐
        │              │        │                      │
        └──────────────┘        └──────────────────────┘
              ⌒                      ⌒
   ─────┬──────────┬──────────────────────────────┬─────
      10:55      11:00                           11:15
```

```
┌─────────────────────────────────────────────────────┐
│                                                       │
│                                                       │
└─────────────────────────────────────────────────────┘
```

┌──────┐   ┌──────┐   ┌──────┐
│   │ + │   │ = │   │
└──────┘   └──────┘   └──────┘

早间休息有 ┌──────┐ 分钟。
　　　　　 └──────┘

2 艾玛下午6：52开始看电视节目。
她看到下午7：30节目结束。
节目播出了多少分钟？

```
┌─────────────────────────────────────────────────────┐
│                                                       │
│                                                       │
│                                                       │
└─────────────────────────────────────────────────────┘
```

节目播出了 ┌──────┐ 分钟。
　　　　　 └──────┘

3 查尔斯下午7：43开始读书，他读了45分钟。
查尔斯读到几点钟？

```
┌─────────────────────────────────────────────────────┐
│                                                       │
│                                                       │
│                                                       │
└─────────────────────────────────────────────────────┘
```

查尔斯读到 ┌──────────┐ 。
　　　　　 └──────────┘

24小时计时法

准 备

霍莉打算去上拳击课。

拳击课几点开始？

健身课程表

时间	教室	课程
08:35	12	动感单车（快骑）
09:55	4	动感单车（慢骑）
13:20	1	拳击
14:45	3	健身操
16:30	5	瑜伽
17:10	2	普拉提
19:05	7	力量和拉伸

举 例

霍莉的拳击课 `13:20` 开始。

下午1:00	下午1:10	下午1:20	下午1:30	下午1:40	下午1:50	下午2:00
13:00	13:10	13:20	13:30	13:40	13:50	14:00

我们可以把下午1:20写作13:20。
我们可以说13:20是下午1时20分。

露露在上力量和拉伸课。
课程几点开始？

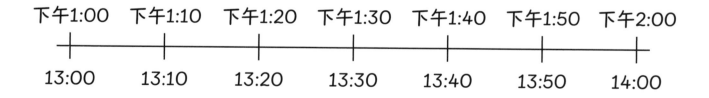

19:05是晚上7时5分。

1 算出每种课程的开始时间。

(1) | 09:55 | 4 | 动感单车（慢骑） |

该课程开始时间为上午 ☐ 时

☐ 分。

我们可以把上午9:55写作09:55。

(2) | 14:45 | 3 | 健身操 |

该课程开始时间为 ☐ ☐ 时

☐ 分。

我们可以把 ☐ 写作14:45。

(3) | 17:10 | 2 | 普拉提 |

该课程开始时间为 ☐ ☐ 时

☐ 分。

我们可以把 ☐ 写作17:10。

2 写出手表上显示的时间。

(1) 10:27 上午 ☐ 时 ☐ 分

(2) 13:09 ☐ ☐ 时 ☐ 分

容积和体积

准 备

萨姆的妈妈用了12升颜料粉刷了4面墙壁。

每面墙壁用的颜料同样多。

每面墙壁用了几升颜料？

举 例

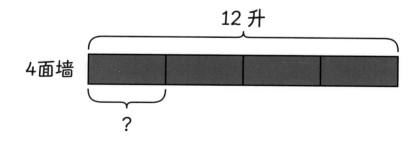

$12 \div 4 = 3$

萨姆的妈妈粉刷每面墙用了3升颜料。

检验一下。
$4 \times 3 = 12$

1 艾略特每周在花园浇21升的水。
他每天浇的水同样多。
艾略特每天浇了多少升水？

$$\boxed{} \div \boxed{} = \boxed{}$$

艾略特每天浇了 $\boxed{}$ 升水。

2 瓶装橙汁体积是盒装橙汁体积的3倍。
若瓶装和盒装的橙汁体积之和为800毫升，那么盒装橙汁体积是多少？

盒装橙汁体积是 $\boxed{}$ 。

3 奥克用水壶把水盛到她的鱼缸里，一共盛了5次才把鱼缸装满。鱼缸可以容纳15升的水。水壶的容积是多少？

水壶的容积是 $\boxed{}$ 。

计算零钱

准 备

汉娜在跳蚤市场买了1顶头盔和1个滑板，付了3张20元的纸币。

应该找给她多少钱？

23元4角

20元1角

举 例

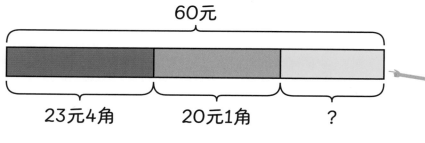

60元

23元4角　　20元1角　　?

$3 × 20元 = 60元$

把角相加。
4角 + 1角 = 5角

把元相加。
23元 + 20元 = 43元

汉娜买头盔和滑板花了43元5角。

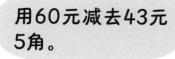

用60元减去43元5角。

60元 – 43元5角 = 16元5角

应找给汉娜16元5角。

36

练 习

看图回答问题。

18元4角

30元1角

10元2角

55元6角

1 阿米拉买了1顶帽子和1个包，付了1张50元的纸币。
应找给她多少钱？

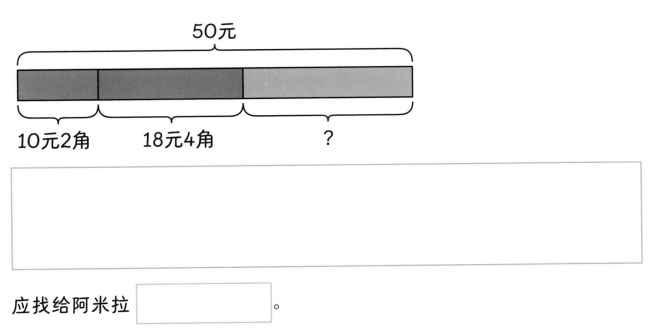

50元

10元2角 18元4角 ?

应找给阿米拉 ☐ 。

2 萨姆买了1副太阳镜和1双鞋，他付了1张50元和2张20元纸币。应找给他
多少钱？

应找给萨姆 ☐ 。

计算金额

准备

1辆滑板车的价格是124元。

1辆自行车比滑板车贵240元。1双滑冰鞋比自行车便宜130元。

自行车和滑冰鞋的价格是多少？

举例

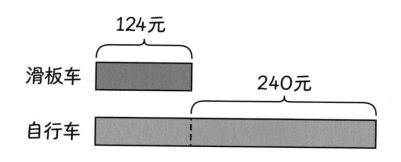

124元

滑板车

240元

自行车

先计算自行车的价格。

124元 + 240元 = 364元
自行车的价格是364元。

364元

自行车

滑冰鞋

?

130元

再计算滑冰鞋的价格。

364元 − 130元 = 234元
滑冰鞋的价格是234元。

1 1件连帽衫的价格是1副手套的4倍。1件衬衫的价格是连帽衫的一半。若衬衫的价格是42元，手套和连帽衫的价格是多少？

手套

连帽衫

衬衫

42元

连帽衫的价格是 ☐ 。　　　　手套的价格是 ☐ 。

2 管道工在材料上花费的成本是建筑工的3倍。电工花费的成本是管道工的2倍。若管道工、建筑工和电工总共花费160元，那么他们分别花费多少？

建筑工花费 ☐ 。　　　　管道工花费 ☐ 。

电工花费 ☐ 。

认识角

准备

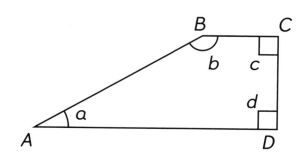

我能看到3种不同的角。

雅各布看到了哪几种角？

举例

1

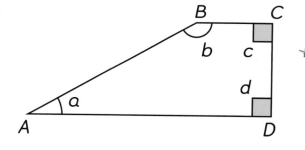

粉色的是直角。

我们可以用书角检验它们是否为直角。

2

绿色的是锐角。

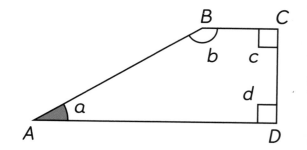

锐角比直角小。

3

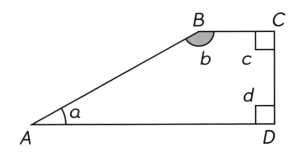

蓝色的是钝角。

钝角比直角大。

钝角小于2个直角之和。

练 习

1 标出下列四边形中的锐角、钝角和直角。
用a表示锐角，用o表示钝角，用r表示直角。
第1个四边形中的角已经为你标出。

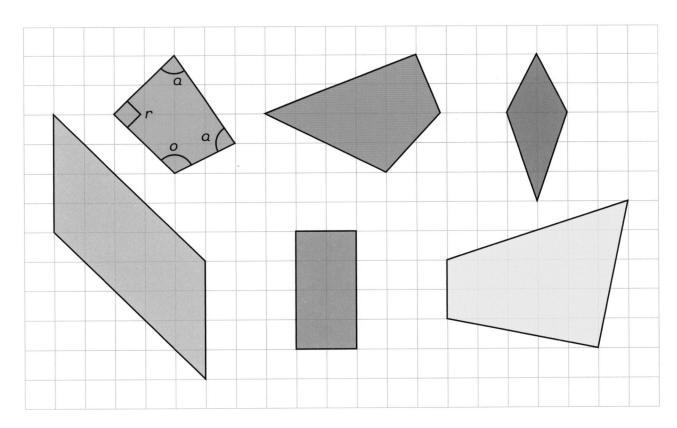

2 （1）画出1个含有直角的三角形。

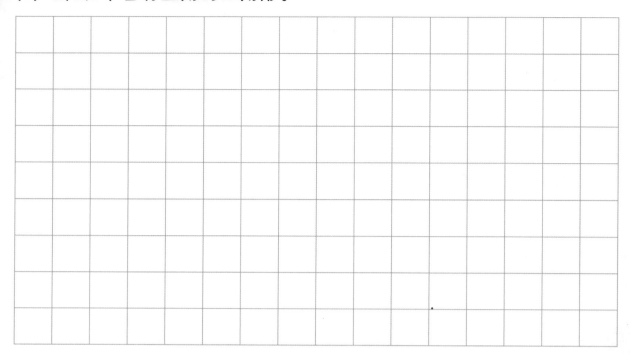

（2）画出1个含有钝角的三角形。

3 画出1个含有3个锐角的三角形。

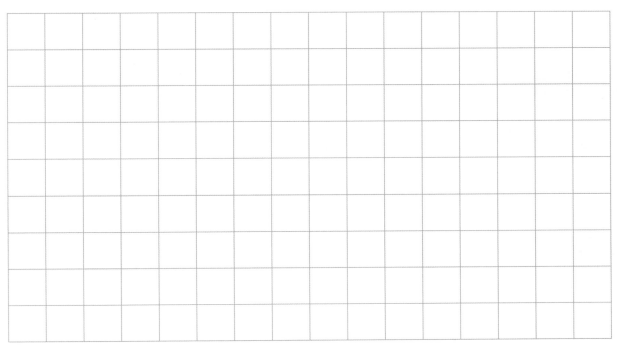

4 我们不可能画出1个含有2个钝角的三角形。
在下面网格中证明原因。

周长

准 备

雅各布从一个大长方形中切割出一个小长方形。

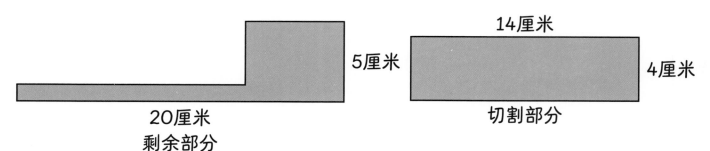

5厘米

14厘米

4厘米

20厘米
剩余部分

切割部分

剩余部分的周长是多少？

举 例

先计算剩余部分每条边的长度。

14厘米

4厘米

切割部分

$20 - 14 = 6$

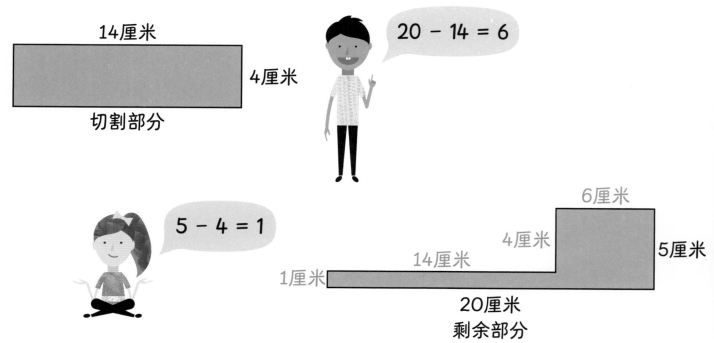

$5 - 4 = 1$

6厘米

4厘米

5厘米

14厘米

1厘米

20厘米
剩余部分

将剩余部分每条边的长度相加。
剩余部分的周长为50厘米。

1 奥克从1个正方形蛋糕中切下1块。
求剩余部分的周长。

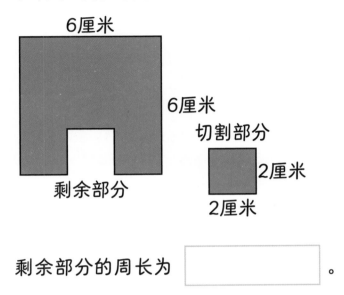

6厘米

6厘米

切割部分

2厘米

2厘米

剩余部分

剩余部分的周长为 ☐ 。

2 木匠从1块长方形木材中切下2块。
求出剩余部分的周长。

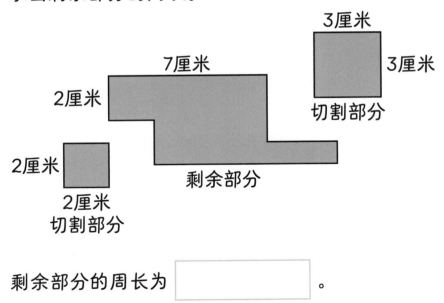

3厘米

7厘米

3厘米

2厘米

切割部分

2厘米

2厘米

切割部分

剩余部分

剩余部分的周长为 ☐ 。

参考答案

第 5 页　　**1 (1)** 874 **(2)** 134 **(3)** 873 **(4)** 137 **2** 134, 137, 873, 874 **3 (1~2)** 963, 936, 693, 639, 396, 369

第 7 页　　**1 (1)** 487, 497, 507, 517, 527 **(2)** 45, 145, 245, 345, 445, 545
(3) 909, 809, 709, 609, 509, 409
2 (1) 318, 328, 338, 348, 358, 368 **(2)** 761, 751, 741, 731, 721, 711
(3) 506, 406, 306, 206, 106, 6 **3** 答案不唯一。

第 9 页　　**1 (1)** 656 + 37 = 693 **(2)** 319 + 88 = 407 **(3)** 486 + 75 = 561 **(4)** 524 + 96 = 620
2 (1) 132 + 389 = 521 **(2)** 465 + 456 = 921 **(3)** 725 + 188 = 913 **(4)** 333 + 599 = 932

第 11 页　　**1** 停车场一共可以停495辆车。**2** 萨姆和查尔斯一共取得了641分。

第 13 页　　**1** 园丁还剩273株没有种。 **2** 有89位顾客想去餐厅吃晚餐。 **3** 有237个小朋友留在了田径场。

第 15 页　　**1** 563 − 478 = 85　两段距离相差85米。 **2** 801 − 78 = 723
水牛的重量是723千克。

第 17 页　　**1** 42 × 7 = 294　7间教室总共有294根尺子。 **2** 24 × 9 = 216
他们三个一共买了216张贴纸。

第 18 页　　**1** 70 ÷ 5 = 14　每名同学分到14个网球。

第 19 页　　**2** 52 ÷ 4 = 13　他们可以把书分成13叠。
3 3 × 28 = 84, 84 ÷ 6 = 14　他们一共种了14排种子。

第 20 页　　**1** 露露有30本书。

第 21 页　　**2** A车载了54个孩子。B车载了18个孩子。C车载了28个孩子。
3 一共有168根蜡笔。

第 23 页　　**1** 巧克力棒还剩 $\frac{3}{7}$。 **2** 这张拼图还剩 $\frac{4}{9}$ 没有拼完。 **3** 彩纸还剩下 $\frac{3}{10}$。

第 25 页　　**1 (1)** $\frac{3}{9} = \frac{1}{3}$ **(2)** $\frac{6}{10} = \frac{3}{5}$ **(3)** $\frac{8}{12} = \frac{24}{36}$ **2 (1)** $\frac{1}{6} + \frac{3}{6} = \frac{4}{6}$, $\frac{6}{6} - \frac{4}{6} = \frac{2}{6} = \frac{1}{3}$。西瓜还剩下 $\frac{1}{3}$。
(2) 这盒甜甜圈还剩下 $\frac{1}{4}$。

第 27 页　　**1** $\frac{3}{4} > \frac{3}{5}$ **2** $\frac{4}{7} < \frac{4}{5}$ **3 (1)** 查尔斯 **(2)** 拉维

第 29 页　　**1** 每个孩子分到 $\frac{5}{4}$ 个橙子。**2** 每个孩子分到 $\frac{4}{5}$ 个馅饼。**3** 每个朋友分到 $\frac{7}{6}$ 根巧克力棒。

第 31 页   **1**

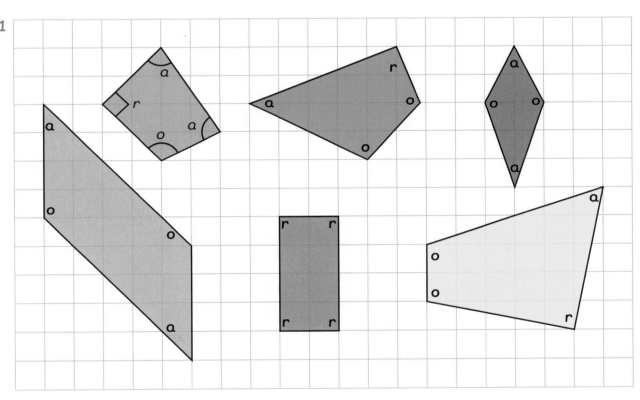

5 + 15 = 20   早间休息有20分钟。

2 节目播出了38分钟。   **3** 查尔斯读到下午8:28。

第 33 页   **1 (1)** 该课程开始时间为早上9时55分。

(2) 该课程开始时间为下午2时45分。我们可以把下午2:45写作14:45。

(3) 该课程开始时间为下午5时10分。我们可以把下午5:10写作17:10。

2 (1) 10时27分 **(2)** 下午1时09分

第 35 页   **1** 21 ÷ 7 = 3. 艾略特每天浇了3升水。 **2** 盒装橙汁体积是200毫升。   **3** 水壶的容积是3升。

第 37 页   **1** 应找给阿米拉21元4角。 **2** 应找给萨姆4元3角。

第 39 页   **1** 连帽衫的价格是84元。手套的价格是21元。

2 建筑工花费16元。管道工花费48元。电工花费96元。

第 41 页   **1**

第 42 页　　2 (1) 答案不唯一。例：

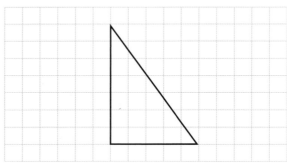

（2）答案不唯一。例：

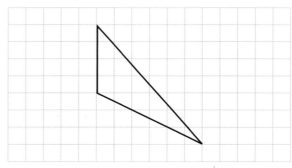

第 43 页　　3 答案不唯一。例：

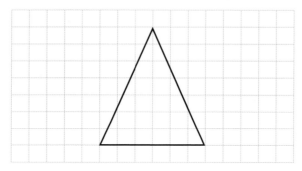

4 答案不唯一。

第 45 页　　1 剩余部分的周长为28厘米。　2 剩余部分的周长为28厘米。